勇獸戰隊

知識漫畫系列

2

激戰萬獸之王獅子

BATTLE BRAVES

TEAM

AZUL

監督者／ 今泉忠明

漫畫／ 伊勢軒

故事／ 伽利略組

U0111236

新雅文化事業有限公司

www.sunya.com.hk

公元20XX年

在世界各地，堆積如山的高科技產品垃圾，不斷釋出有害物質。

如果大家不及早處理這個問題，自然界將會遭受嚴重傷害。

為了地球上的所有生物，請大家儘早設法解決。

眼前高科技產品垃圾日益增加，人類束手無策，最後決定將垃圾棄置到太空去。

然後，他們把太空變成了巨大的垃圾站。

問題看似暫時解決了，但是……

被丟棄到太空的垃圾之中⋯⋯

※ 隆隆隆隆

一個由突變而成、擁有人工智能的物體誕生了！

※ 隆隆隆隆

不可饒恕你們！

他的名字是 Z！

※ 隆重登場

那些自私自利的地球人，濫製各種物品，然後用完即棄，我絕不原諒你們！

我要親手把那班傢伙居住的地球徹底破壞！

3

其後，Z開始用盡各種方法展開攻擊，企圖把地球毀滅。

為了守護地球免受攻擊，墨田川教授現身了。

他集合了日本全國的精英孩子，並組成了防衛組織。

這個組織名叫

BB——

勇獸戰隊！

墨田川教授

角色介紹

勇獸戰隊

是一個為了對抗神秘敵人Z和保護地球的防衞組織，由頭腦超凡的墨田川教授帶領。隊員皆是從日本全國挑選出來，12歲以下的少年少女，並通過嚴格的入隊考試才能加入組織。他們的使命就是把由Z派來地球的生物捉住，然後把牠們安全送回原來世界。隊員們都熟知生物的習性和弱點，以科學知識為武器，展開連場捕捉行動！勇獸戰隊分成五支小隊，各有專長，會被分派執行不同任務。

墨田川教授

勇獸戰隊的總司令官，他的真正身分其實是人型機械人，並移植了因意外喪生的墨田川教授的腦袋。他非常喜歡音樂，亦會妄想自己是個俊男。

朱音

她是墨田川教授的助手，並以勇獸戰隊的教官身分帶領和照顧一眾隊員。她曾經也是勇獸戰隊的優秀隊員。

勇獸戰隊五小隊

AZUL
藍獅小隊
負責應付陸上動物。

PAARS
崇蟲小隊
負責應付昆蟲。

RUFUS
紅龍小隊
負責應付恐龍等古代生物。

GREEN
綠鯊小隊
負責應付空中及水中生物。

SCHWARZ
黑蛇小隊
負責應付有毒、危險的生物。

藍獅小隊

他們專門對付Z派出來的陸上動物對手。隊伍顏色是藍色，「AZUL」是西班牙語，是藍色的意思。

BATTLE BRAVES TEAM

AZUL

艾莎

她非常喜歡動物，對動物的熟悉程度尤如一部移動式的動物圖鑑。她也喜歡自製各種機械工具。在隊中負責策劃作戰計劃。

泰賀

他擁有動物般的運動神經，並因此備受賞識獲邀加入戰隊。他曾經跟冒險家爸爸一同環遊世界，所以求生技能也相當厲害。在隊中勉強是隊長，但是他的必殺技臭氣熏天，不是很討人喜歡。

阿薰

住在富士山附近的小學生，常常到富士山或樹海探險。

神秘敵人Z

他誕生自人類丟棄到太空的廢物之中，擁有高等的人工智能（AI）。他極之憎恨自私自利的人類，因此把各式各樣的生物派到地球，誓要令人類滅亡。

勇獸戰隊的隊員在進行捕捉生物任務時,會運用到以下這些裝備。戰隊守護地球的秘訣,就是結合最新科學技術和隊員的知識。

BB飛板

不論海陸空環境下都能夠自由自在地活動的滑板型載具。隊員會乘坐BB飛板從基地出動。

這些都是我創造的特別裝備,特別強,又特別型,YO!

它備有很多功能,例如能噴出煙霧。

BB棍棒

三枝為一組的棍棒,不同形狀分別有不同功能。配合不同的棍棒組合,還能提升其效能。

▲ 三角棍棒
(可發光或噴火等)

▼ 圓形棍棒
(可吐出絲線或繩索等)

▲ 方形棍棒
(可變成鎚子等)

BB收容器

當生物的戰意等級降至0,向牠照射光線,就能把生物回收到這個收容器中。之後隊員會把捕捉了的生物送回原來的世界去。

BB手錶

只要把手錶對準生物,就能夠得知牠的基本情報、能力分析表和戰意等級等資料。

目　錄

BATTLE BRAVES
TEAM
AZUL

欄目

知多一點點！

BB資料檔案

第 1 章

富士山有大型貓科動物出沒？

富士山原始森林及青木原樹海

這……

這是怎麼回事？

富士山五合目

咦，那是野獸的爪痕嗎？

不是。不用擔心！那不是亞洲黑熊的爪痕。

那爪痕似是貓留下的。

什麼？是可愛貓咪嗎？

不是吧！難……難度這裏有熊出現？

但是，如果是貓的話，爪痕似乎大了一點呢！

吃驚 ビクッ

咕啊啊

!?

12

※咕咕咕咕咕

咦，洞穴裏面發生了什麼事嗎？

出……

出出出……

出……

嗚

嗚

出現了！

牠出現了！

吼！

這裏是勇獸戰隊位於日本某處的BB基地。

BB隊員全由未滿12歲的少年少女組成。

他們的使命是捕獵由Z派來的各種生物,然後把牠們送回原地。

呼!

藍獅小隊
泰賀
(擁有動物般的運動神經)

哈,放馬過來吧,小貓咪!

來!

閃

15

16

貓科動物的世系

貓科動物現時共有37種，由兇猛的獅子到細小的家貓都屬於貓科，並經遺傳基因分析，分了8個世系。 ※紅色字的貓科動物會在本冊漫畫中出現。

世系❶ 豹族

- 獅子
- 豹
- 美洲豹
- 老虎
- 雪豹
- 雲豹
- 異他雲豹（異，粵音訊）

▶雪豹

從1,080萬年前，大型貓科的豹族便有7個分支。當中的獅子、豹、美洲豹和老虎都是會咆哮的。

世系❷ 金貓族

- 亞洲金貓
- 婆羅洲金貓
- 紋貓

◀亞洲金貓

於940萬年前分支出來的世系，時間之久遠僅次於豹族世系。小至中型金貓族有3種，大部分在東南亞棲息。

世系❸ 猞貓族

- 猞貓
- 非洲金貓
- 藪貓

▶猞貓

於850萬年前分支出來的3種中型貓。雖然跟猞猁族相似，但以遺傳基因的層面來看，屬於猞貓族。

世系❹ 虎貓族

- 美洲雲豹（又名喬氏貓）
- 小斑虎貓
- 長尾虎貓
- 南美林貓
- 南美草原貓
- 山原貓
- 虎貓

▶虎貓

於800萬年前分支出來的7種小至中型貓。貓科動物的染色體通常是38條，但此世系只有36條。

現在的貓科動物，其祖先也是肉食性動物，約在1,100萬年前棲息於亞洲。牠們在之後的1,000萬年間，擴展至世界各地，不斷地演化至今，發展出8個世系。以下繼續解說第5至第8個世系。

※分類或世系會因研究或調查方法而有不同，本書的分類及世系只是來自其中一個解說。
※參考資料：O'Brein and Johnson, 2007, The Evolution of Cats, *Scientific American*

世系❺ 猞猁族

●西班牙猞猁　●歐亞猞猁
●加拿大猞猁　●短尾貓

▶西班牙猞猁

於720萬年前分支出來，棲息於北美、歐亞大陸的4種中型貓。短尾和耳內長有絨毛。

世系❻ 美洲獅族

●美洲獅　●細腰貓
●獵豹

◀細腰貓

於670萬年前分支出來的3種中型貓。在北美的小型貓分散各地之後，體形變得大了。

世系❼ 豹貓族

●豹貓　　●扁頭貓　　●漁貓
●鏽斑豹貓　●兔猻

▶豹貓（拍攝：pixta）

於620萬年前分支出來的5種小型貓，棲息於亞洲的熱帶及溫帶地區。

世系❽ 貓族

●家貓　　●歐洲野貓　●叢林貓
●黑足貓　●沙漠貓

▶家貓

於340萬年前分支出來，屬於比較近代的世系。共有5種小型貓，也有些說法是包括了荒漠貓。

第2章 這一隻是什麼豹？

是富士山啊！很巨大呢！

沒錯！圍着它的廣闊樹林叫「樹海」啊！

飛行

嘩，這隻蟲蟲長得好像火星人呀！

不要無視我的回答啊！

怒氣！

嘩⋯⋯

艾莎，我想問這隻BB手錶怎樣使用的？

你除了體能外，其他全是負分⋯⋯

還有，不要用屁股對着我！

你看，錶面向着生物，就會出現相關資料。

啊？

連戰意等級也會這樣顯示出來呢！

【日本平丘盲蛛】
體長：3至5毫米
腳長：體長的20倍
分佈地區：日本各地
棲息環境：陰暗潮濕的森林

能力分析表
捕獵能力
力量
速度
瀕危等級
跳躍力

戰意等級：0
戰意狀況：快逃！

很有趣啊！試試看其他生物吧。

天生爬樹好手：豹

豹是大型貓科動物，不過跟獅子和老虎比較的話，就顯得細小了。豹對環境的適應力非常強，活動範圍之廣僅次於家貓；運動神經非常優秀，爬樹技巧也很高超！除了黃色的豹外，也有全身長了黑色毛的黑豹。

豹平常不會咆哮，但當要吸引異性時，就會發出像鋸木般的叫聲。

豹的斑紋是這樣的。黑色斑點呈玫瑰形狀，又名「玫瑰花紋」。

◀豹每次誕下1至3隻幼豹。幼豹身上的玫瑰花紋顏色初時不太鮮明，牠們會於12至24個月後離開媽媽，開始獨立生活。野生雌豹的壽命最長19歲，雄豹最長14歲，由人類飼養的最長23歲。

▶豹的爬樹技巧比任何一種貓科動物都要厲害。牠在地面時，警戒心相當強；但在樹上時，心情就變得輕鬆，或許牠知道敵人都不在樹上吧。

▶豹的主要獵物有高角羚、瞪羚等中型草食性動物，但也會捕捉野兔、蛇、鳥、鬣狗等動物，可說是什麼也吃。當成功捕獵後，牠會咬住獵物爬到樹上慢慢享用。

▲黑豹棲息於濕度高的南亞熱帶森林，因為基因突變，令黑色素增加而出現黑化現象。不過牠其實不是全黑，我們還是可以看到牠身上的玫瑰花紋。

本欄目的相片均授權自iStock

咬合力強勁：美洲豹

　　美洲豹是美洲大陸最大的貓科動物，棲息於山林裏的河邊。雖然外形跟豹非常相似，但美洲豹更重，體形更粗壯，力量也更強。美洲豹的英文「jaguar」源自美洲原住民的圖皮語「yaguara」，意思是「一擊便能殺死獵物的野獸」。

美洲豹的斑紋跟豹很相似，也是呈玫瑰形狀，不過中間有一點點的黑色小斑點。

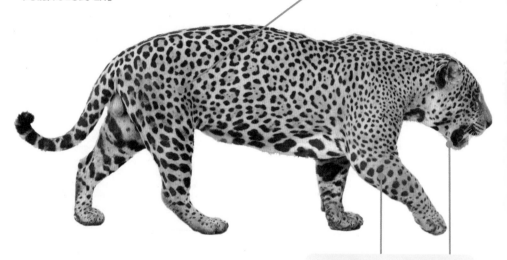

美洲豹的必殺技就是用前腳使出的「貓拳」。被這一招打中臉部、頭部的動物，幾乎都會即場死亡。

◀跟豹一樣，也會因基因突變而變成黑色的的美洲豹。

44

▶人類暫時還不太了解野生美洲豹的生育情況，但從觀察動物園裏的美洲豹得知，牠們每次誕下1至4隻幼豹（平均2隻）。幼豹在16至24個月後便會離開豹媽媽，獨自生活。野生美洲豹的壽命約有15歲，被人類飼養的最長22歲。

▲美洲豹牢牢咬住凱門鱷（短吻鱷科）的喉嚨！美洲豹的咬合力非常強，可以把整條凱門鱷拖上岸。大部分美洲豹都在水邊棲息，擅長游泳，可輕鬆游過闊2公里或以上的亞馬遜河河段。

▶在美洲大陸上，除了人類外，美洲豹是沒有天敵的，所以牠大部分時間都很輕鬆，例如懶懶地在樹幹上休息。

本欄目的相片均授權自iStock

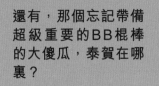

還有，那個忘記帶備超級重要的BB棍棒的大傻瓜，泰賀在哪裏？

完成任務後，你代我跟泰賀説：「盡情期待我會如何讓你好好反省吧！」

呃……啊……唔……他説肚子痛……之後逃走了。

怒氣

咬牙切齒

喔？是嗎……

驚！

好可怕……

我會傳送BB棍棒給你們！

送貨無人機到了樹海，導航器會失靈。所以請你們到樹海外的湖邊村莊收取。

就這樣了，通訊完畢。祝你們好運！

嗶—！

送出。

地圖數據

B・M・O！
戰鬥模式啟動！

51

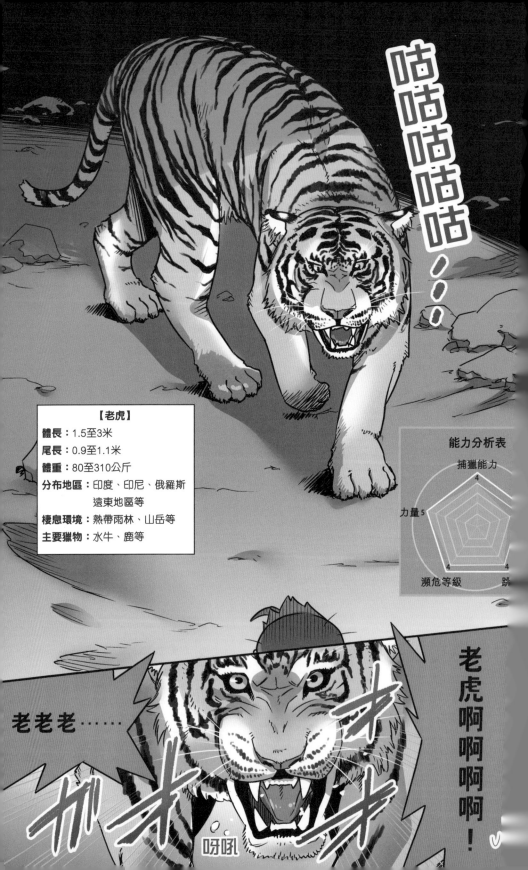

咭咭咭咭咭……

【老虎】
體長：1.5至3米
尾長：0.9至1.1米
體重：80至310公斤
分布地區：印度、印尼、俄羅斯
　　　　　遠東地區等
棲息環境：熱帶雨林、山岳等
主要獵物：水牛、鹿等

能力分析表
捕獵能力
4
力量 5
瀕危等級　跳
4　　4

老老老……

ガオオ

呀吼

老虎啊啊啊啊啊！

對啊！艾莎跟我說過的老虎小知識裏面……

喂喂，泰賀來聽聽老虎仔的小知識。

應該有老虎的弱點！

老虎是森林之王！

老虎不是羣居的動物，只會單獨行動。

老虎連棕熊也能殺掉！

好喜歡老虎仔！

牠們是最大的貓科動物！

如果棲息在高溫地帶的話，牠們最喜歡浸浴。

沒有手槍的人類，面對老虎一點勝算也沒有啊。

想起來了

還有，你背向牠的話，牠便會從後偷襲，咬住你的頸直到你斷氣喲。

都是令人絕望的情報啊！

真的沒有既不恐怖又有用的情報嗎？

啊啊啊！我完蛋了！

咦……有了！因為牠是貓科動物，所以很愛整潔！

什麼呀？完全沒有用啊！

強壯的捕獵者：老虎

　　老虎是大型貓科動物，牠們的體形和條紋會隨棲息環境不同而有所分別。以前，老虎在多個亞洲地區的文化中，是強壯、力量的象徵，但是，因為人們不斷開闢森林及大量獵殺，令老虎的數目大大減少，步向滅絕危機。

孟加拉虎

在印度棲息的孟加拉虎，全身毛色是紅黃色或啡色，條紋較少，毛也較短。

老虎的條紋是黑黃相間，在森林或草叢活動時形成了一層保護色。因此，就算牠體形大，移向獵物時也不會被輕易察覺。

▲老虎一般每次誕下2至3隻幼虎。幼虎17至24個月大的時候會離開母虎獨立生活。不過，很多幼虎在獨立之前便會被雄虎殺掉，能夠長大的只佔一半。野生老虎的壽命約10至15歲，人類飼養的有20至25歲。

▼老虎能夠殺死比自己體形龐大的獵物。牠會邊走邊尋找獵物，一晚可走約20公里，是非常強壯的捕獵者！有些老虎為了捕捉獵物或降低體溫，樂於跳入水中。

東北虎
（西伯利亞虎）

主要棲息在俄羅斯東部寒冷的森林。牠是體形最大的老虎，毛長而厚，夏天時毛色比冬天更紅。

蘇門答臘虎

棲息於印尼的蘇門答臘島上，是現存老虎中，體形最小的。身上的紋理清晰明顯，毛色也深，頸部長有白色的長毛。

▶基因突變而變成白色的東北虎。現在基本上都由人類飼養。

本欄目的相片均授權自iStock

貓科動物的特徵

　　重量達300公斤的老虎及只有1公斤的家貓，都屬於貓科動物。現在讓我們一起看看各種貓料動物共通的特徵！

【眼睛】

牠們的動態視力（看見移動物體的能力）非常優越。這是因為牠們在視網膜後有一透明絨氈層，即使環境黑暗，只有微弱的光，也能清楚看見。

▲家貓

【耳朵】

牠們的聽力非常好，能夠聽到人類聽不到的高頻聲音。耳朵周圍的肌肉非常發達，雙耳可以各自朝不同方向轉動。

▲美洲獅

【嘴巴】

牠們擁有強韌的下顎，能夠輕易壓碎骨頭，還能咬緊獵物的喉嚨。牠們長有4隻又長又尖銳的犬齒。

▲雲豹

【舌頭】

舌上長滿彎彎的，稱為「乳突」的小刺。功能很多，例如可以把獵物骨頭上的肉舔個精光。

▲老虎

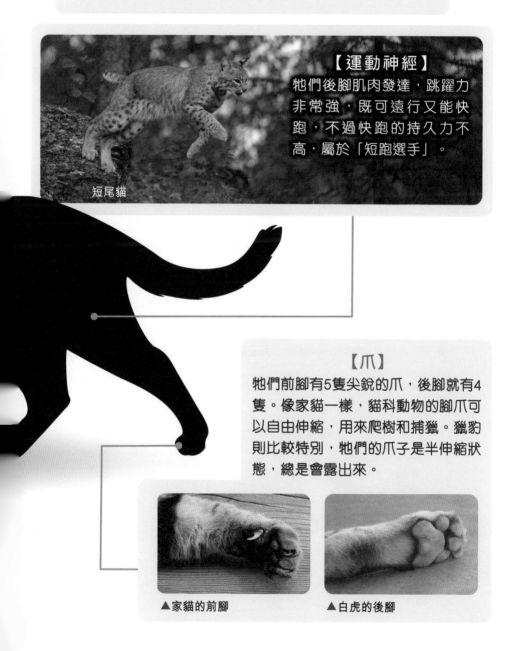

【習性及行動】
- 貓科動物習慣單獨行動及捕獵，而雌性會獨自養育幼兒。其中只有獅子屬於羣居動物（詳見第152-154頁）。
- 有領地意識，會在自己的領地內活動。

【運動神經】

牠們後腳肌肉發達，跳躍力非常強，既可遠行又能快跑，不過快跑的持久力不高，屬於「短跑選手」。

短尾貓

【爪】

牠們前腳有5隻尖銳的爪，後腳就有4隻。像家貓一樣，貓科動物的腳爪可以自由伸縮，用來爬樹和捕獵。獵豹則比較特別，牠們的爪子是半伸縮狀態，總是會露出來。

▲家貓的前腳　　▲白虎的後腳

本欄目的相片均授權自iStock

第4章
追上獵豹！

※嗖

!?

那是什麼聲音？

等……等……等一下……！

嘎——

唉——

呀……

嘎嘎—

嘎嘎——

上氣不接下氣

阿薰，你怎麼了？

啊！大事不好了！艾莎！

你看！

那隻大貓偷走了我的火腿！

唉——嘎

嘎——嘎

嗚嘎

喘氣

啊？

天呀！這是帥氣的獵豹啊！

【獵豹】
體長：1.1至1.5米
尾長：0.6至0.85米
體重：20至70公斤
分布地區：非洲、亞洲的西南部
棲息環境：稀樹草原等
主要獵物：瞪羚、高角羚、印度黑羚等

火腿

能力分析表

捕獵能力 5

速度 5

等級 3

跳躍力 2

戰意等級：1

戰意狀況：火腿好味道

獵豹？你指那隻就是跑得很快的獵豹？

沒錯！獵豹最高時速可以超過100公里，是陸上跑得最快的動物！

呼————！

100km/h OVER!

而且只需幾秒，牠便可加速至最高速度！

75

就算追不上牠的速度，但因為獵豹只是短跑好手，不精於持久戰，很快會筋疲力盡！

嗄⋯⋯

將獵豹趕入球場，場邊有圍欄把牠困住，我們在場內追趕牠！

向後拉

BB棍棒啟動！彈叉！

獵豹在高速跑動的時候，會用爪抓緊地面，以長尾巴來平衡身體。

所以，牠可以在保持超高速度之下，緊急轉彎或煞停。

就算身體側向一邊，都能夠以長尾巴保持平衡！

爪子像足球鞋底的釘子，可抓緊地面，防止滑倒！

速度王者：獵豹

　　獵豹擁有苗條的身體，細小的頭部、強壯的肌肉、修長的腿、長長的尾巴及柔韌的脊骨，令牠們成為陸上跑得最快的動物！起跑2秒後，便可加速至時速70公里，最高時速更可超過100公里！

獵豹身上布滿黑色斑點，每一顆黑點的形狀都不同。

雙眼前端至嘴邊兩側有淚線狀黑色斑紋，其他貓科動物則沒有這種斑紋。

獵豹是伸出爪來跑步的，這一點跟其他貓科動物不同。伸出來的爪可以抓住地面，令獵豹跑得更快之餘，還能在疾奔中急轉。

▲有些獵豹因基因突變，斑點連在一起成虎紋的模樣，這種豹稱為「王獵豹」。

▲獵豹多數在日間活動，牠們會伏在螞蟻窩等地方上尋找獵物，視力相當好。雄性獵豹會像獅子那樣聚集成羣，跟有兄弟關係的同伴一起行動。

▶獵豹的捕獵成功率約 25 至 40%，大部分獵物是中小型草食性動物。獵豹會靜靜地靠近獵物，然後從後或旁邊突襲，伸出利爪把獵物拉倒。牠全速奔跑的距離約 300 至 600 米，所以捕捉獵物的過程只有數十秒時間。

◀獵豹每次誕下 3 至 6 隻幼豹。幼豹全身至尾巴都有垂直的幼毛，牠們會在 12 至 20 個月後自立，不過不少幼豹會被獅子或鬣狗襲擊，能夠長大至成年的只有 5%，而野生獵豹的壽命平均只有 5 至 6 歲。

本欄目的相片均授權自 iStock

第5章

牠們是誰的孩子？

啊，你們帶了後備衣服給我！

泰賀很帥！

不愧是朱音教官……

反正泰賀的衣服都會破爛，多帶一套給他吧。

泰賀

雖然是狼狽，但能夠看到老虎，你真是賺到了。

我差點成為老虎的大餐啊！

對了，朱音教官傳來了新的情報。

人家也想看到老虎嘛。

數小時之前，探測到富士山上的大型貓科動物數量有所增加。

Z應該發射了更多貓草電磁波，大家要小心啊！

啪

※雀鳥聲音

呀⋯⋯很痛!

現在不是説這句話的時候!

抓抓—!

好可愛啊!

但是,牠是哪種貓科動物的小孩呢?是猞猁嗎?你在哪裏找到的?

如果是猞猁的話,似乎大了一點呢。

為什麼富士山會有猞猁⋯⋯?

抓抓!

什麼?你把牠們帶離巢穴?

痛痛痛⋯⋯

牠們匿藏在岩石的隙縫中。

因為有獅子出現,怕牠們被獅子吃掉,我才心急把牠們帶走⋯⋯

獅子?

你有用BB手錶探測四周嗎?

我哪有時間探測呀!

更何況,我不用BB手錶,也知道牠是獅子吧!

是美洲獅媽媽！

美洲獅？不是非洲的獅子嗎？

好有型啊～

咕咕咕咕

等級：5

狀況：把孩子還給我！

牠們的確跟非洲的雌性獅子相似，但牠們其實屬於貓科動物的另一世系。

豹的世系

豹

美洲豹

獅子

老虎 等等

美洲獅的世系

美洲獅

獵豹 等等

獅子屬於豹族。

美洲獅與獵豹同樣屬於美洲獅族。

跳躍好手：美洲獅

美洲獅是大型貓科動物，跟豹差不多大小，在美洲大陸裏，牠們的體形僅次於美洲豹。北至加拿大，南至智利，整個美洲大陸都有牠們的蹤影。牠們可以生活在炎熱、寒冷、森林或乾燥的地方，並喜歡棲息在岩石環境。牠們可是跳躍高手呢！

美洲獅的樣子跟非洲的雌性獅子非常相似，但美洲獅的鼻與口之間是白色的，並且有黑色邊。

美洲獅的後腳粗大，善於跳躍，可以跳至4米高及跨越12米闊。

▶除了精於跳躍外，美洲獅也是爬樹高手。雖然牠們不喜歡游泳，但在有需要時，也會下水。

▲美洲獅在棲息地上可捕獵的獵物非常多，而且無分大小。在南美山岳地區生活的美洲獅會捕捉鹿、原駝（駱駝科）等草食性動物，也會吃下小昆蟲。

◀因為美洲獅的棲息地方跟民居很接近，所以會出現左邊的告示，呼籲人「小心山獅（美洲獅的別稱）」。不過，美洲獅是非常謹慎的，只會在夜間出沒，所以人們遇襲的機會較少。反而，美洲獅的主要死亡原因是交通意外、人類捕獵及偷獵。

▶美洲獅每次誕下 2 至 3 隻幼獅。幼獅全身長有黑色斑點，到 9 至 12 個月後便會消失。幼獅到了 13 至 18 個月後會獨立生活。野生美洲獅的壽命最長有 16 歲，人類飼養的最長可達 20 歲。

本欄目的相片均授權自iStock

第6章

與雌獅的認真對決

啊———
眼前全是沙和石頭！

※瞪目

獅……獅子……？

登場

【獅子（雌性）】
體長：1.4至2.5米
尾長：0.9至1.2米
體重：120至180公斤
分布地區：印度、非洲中部
　　　　　和南部
棲息環境：稀樹草原
主要獵物：牛羚、斑馬、水
　　　　　牛等

能力分析表

捕獵能力

速度

跳躍力

戰意等級：5

戰意狀況：各位，捕獵時間開始了！

住在稀樹草原的一羣雌獅，會以圍捕方式去捕捉獵物。

※ 向後拉緊

雖然很痛……
但對不起了！

密集攻擊——
火山渣*！

啪

啪

*火山渣：火山爆發
時，由噴出來的熔
岩凝固而成的黑色
小硬塊。

戰意等級：0

戰意狀況：又冷又痛！

捕捉了雌獅C和雌獅D！

121

122

123

貓科動物
之最
No.1！

以下是運動神經超卓、捕獵能力超強的貓科動物之能力排行榜！

爬樹高手
豹

▲貓科動物中，只有豹會把獵物帶到樹上。此外，牠還會在樹上休息和照顧幼豹呢！

速度最快及捕獵能力最高
獵豹

▲疾奔時速超過 100 公里，是陸上跑得最快的動物。捕獵能力成功率約 25~40%，跟其他大型貓科動物比較是最高的！

游泳及咬合力最強
美洲豹

▲大型貓科動物之中，最擅長游泳的是美洲豹。另外，牠的頭骨和顎骨發達，咬合力是貓科動物之冠！

跳遠最闊
雪豹

▲身上長滿濃密的毛，令牠看起來體大，但其實牠比豹還要小。牠生活在地區，精於跳躍，最遠可跳至 15 米闊

綜合能力最高　老虎和獅子

▲不論是體形、力量及勇猛程度，老虎與雄獅都有王者的風範。老虎在亞洲森林單獨活動，獅子就在非洲草原集體行動，生活方式各有不同，但兩種貓科動物也可說是君臨天下，在所有陸地動物中稱王稱霸！

現今繁衍之最　家貓

▲自歐洲野貓被人們馴化之後，除了南極洲，幾乎全球每個地方都有家貓的蹤影。世界上的家貓超過 10 億隻，比起 4,000 隻野生老虎，真是一個龐大的數目。

本欄目的圖片均授權自 iStock

第7章

能夠捕捉到嗎？
最強大貓登場！

老虎和獅羣首領同時出現了？

啊——

很激烈的打鬥呀……

但是，總覺得老虎的動作跟我在樹海看到時，有點弱啊……

※隆隆隆隆

萬獸之王：獅子

　　除了健康的雄性大象，獅子幾乎可以殺死任何動物，體形只僅次於老虎。獅子是貓科動物之中，唯一不是單獨行動，而是會組成獅羣的。雄性獅子成年時，會長出又長又厚的鬃毛，因此跟雌性外形不同，亦是貓科動物中僅有，的確是「萬獸之王」！

雄獅體重比雌獅大1.3至1.5倍。雌獅會選擇鬃毛較長和較深色的雄獅。

雌獅基本一生都留在自己出生和成長的獅羣內。

雄獅和雌獅的尾巴末端較深色，用來作「旗幟」，讓幼獅可以識別從後跟着走。

◀基因突變的白獅，大部分由人類飼養。而在南非，人員則努力進行把白獅放回野外的計劃。

▶獅子會在草食性動物 2 月至 7 月生育期間繁衍下一代，以獲取更多的食物來哺育幼獅，牠們每次約誕下 2 至 4 隻幼獅。雄性幼獅長大到 20 至 48 個月後，會被趕出獅羣，而 1 歲前的幼獅除了是獵豹的獵物外，也會被沒有血緣關係的成年雄獅殺死，所以幼獅的死亡率高達 16 至 50%。成年的野生獅子壽命約 12 歲，而由人類飼養的獅子最長可達 27 歲。

獅羣 獅羣是一個怎樣的羣體呢？一起來看看吧！

▼大部分獅羣都是由2至3隻雄獅、3至6隻雌獅及其幼獅組成。羣內雌獅幾乎全部都有血緣關係，而雄獅則是外來的。

▶獅子是夜行動物，日間會懶洋洋地睡覺，時間可以長達20小時！

◀日落時分，獅子開始活躍起來，等到夜晚便會進行捕獵。基本上，捕獵是雌獅的工作，雄獅很少參與其中。

▶幼獅全由獅羣裏的雌獅照顧，連哺乳也不限於自己的親生幼獅。

本欄目的相片均授權自iStock

雄獅在3歲左右會被趕出獅羣。那麼，被逐出家門的年輕雄獅，日後會過着怎樣的生活呢？

雄獅的生存之道

◀▲被趕離獅羣的年輕雄獅會四處流浪約3年，直至成年。同屬兄弟關係的雄獅會一起流浪，也有沒有血緣關係的雄獅一起行動，捕獵也是靠雄獅自己負責。這時期的生活非常艱辛，有25%的雄獅會失去性命。

▶牠們成為強壯的成獅後，會奪取獅羣，挑戰獅羣首領。如果獅羣雌性接受的話，得勝的雄獅會成為新的首領。作為首領，牠的工作就是防止其他雄獅入侵、守護雌獅以及領地。

▲成為首領的雄獅會留在獅羣約2至4年。在這段時間裏，雄獅工作繁忙，包括：爭奪附近的獅羣來擴大自己的勢力範圍、命令雌獅捕獵食物並自己先享用、繁衍下一代並讓雌獅照顧自己的幼獅、殺死跟自己沒有血緣關係的幼獅等。以上都是獅羣必須遵守的自然法則，一定要服從雄獅首領。

154

沙漠貓的生態

　　貓如其名，沙漠貓是一種只棲息於沙漠地帶的貓科動物。體形跟家貓差不多，非常可愛，不過我們對牠們的生態所知甚少。但已知道的包括：牠們可以抵禦夏季達45℃高溫及冬季零下25℃低溫的沙漠天氣。

沙漠貓的毛色就像沙粒。冬季時，牠會長出長而濃密的毛。

牠們的聽覺敏銳，能聽到500米以外的聲音。

腳底有黑色的毛覆蓋，就算在熱沙上行走也沒問題。

▶在貓科動物中，只有沙漠貓有挖掘巢穴的習性。牠們也會佔用並改建其他動物的巢穴，而隱藏在地下的蜘蛛是牠們的獵物。

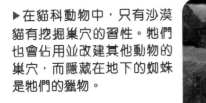

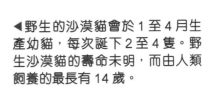

◀野生的沙漠貓會於1至4月生產幼貓，每次誕下2至4隻。野生沙漠貓的壽命未明，而由人類飼養的最長有14歲。

本欄目的相片均授權自iStock

BATTLE BRAVES

我是勇獸戰隊的總司令，墨田川教授，YO！

你們想知道自己能否加入勇獸戰隊？來挑戰以下題目，YO！

第1題
BATTLE BRAVES

如何分辨斑紋非常相似的豹和美洲豹呢？

A 背部有四方形斑紋的是美洲豹，沒有的是豹。

B 尾巴末端有斑紋的是美洲豹，沒有的是豹。

C 斑紋中有小斑點的是美洲豹，沒有的是豹。

第2題
BATTLE BRAVES

獵豹在跑的時候，跟其他貓科動物不同的，到底是什麼？

A 伸出爪子　　B 捲着尾巴　　C 閉上眼睛

現在，繁衍最盛的貓科動物種類是？

A 美洲豹　　B 家貓　　C 獅子

跟其他貓科動物不同，只有獅子會做的是？

A 集體行動

B 擁有領地及在領地範圍內活動

C 捕獵

獅子被喻為「萬獸之王」，那老虎是？

A 亞洲勇者　　B 水邊的貴公子　　C 森林之王

怎樣？
你們都解答了嗎？

（答案在後頁）

第1題 C 斑紋中有小斑點的是美洲豹，沒有的是豹。

豹和美洲豹的斑紋呈玫瑰形狀，名叫「玫瑰花紋」。玫瑰花紋中有小斑點的是美洲豹，沒有小斑點的是豹。

第2題 A 伸出爪子

獵豹伸出來的爪子讓牠疾奔時可以抓住地面，不但可以跑得更快，高速時轉彎也不容易跌倒。

第3題 B 家貓

跟人相當親近的家貓，除了南極洲以外，幾乎全世界都有牠們的蹤跡，數目已超過10億隻！

第4題 A 集體行動

貓科動物之中，只有獅子會集體行動，所以有獅羣出現。

第5題 C 森林之王

獅子稱霸草原，而老虎棲息於森林，是森林頂級獵食者，王者之名，非牠莫屬！

 BB 資格考試評分

5題全對	你毫無疑問有加入勇獸戰隊的資格！
答對 3 至 4 題	你離加入勇獸戰隊只差一步！
答對 0 至 2 題	再次熟讀本書吧！不放棄的決心才是成為勇獸戰隊最重要的特質。

大家如想加入勇獸戰隊，就要用心閱讀內容⋯⋯

■監督者　今泉忠明

動物學者、作家。於東京水產大學（現為東京海洋大學）畢業後，在環境廳（現為環境省）從事「西表山貓」生態調查等跟動物有關的研究工作。著作有《小生物的新技術》等，監督的有《遺憾的進化》等。

■漫畫　伊勢軒

漫畫家。代表作有《單車漫遊》、《往鎌倉時代的時間之旅》、《往忍者世界的時間之旅》、《往本能寺之變的時間之旅》等。

■故事　伽利略組

專門製作跟歷史、科學有關的兒童漫畫劇本、教材。主要作品有《歷史漫畫時光倒流》系列、《5 分鐘的時光倒流》、《5 分鐘的求生記》等。

- 《世界野貓圖鑑》著：Luke Hunter　翻譯：山上佳子
  監督者：今泉忠明（X-Knowledge 有限公司）
- 《世界的美麗野貓》著：Fiona Sunquist 及 Mel Sunquist
  翻譯：山上佳子　監督者：今泉忠明（X-Knowledge 有限公司）
- 《世界的野貓 2016》著及出版：EDING CORPORATION
- 《野貓百科全書（第 4 版）》著：今泉忠明（DATA HOUSE）
- 《小學館圖鑑 NEO(1) 動物》（小學館）
- 《富士山的 100 個不可思議》監督者：富士學會（偕成社）
- 《閑走塔摩利 2》《閑走塔摩利 10》
  監督者：NHK「閑走塔摩利」
  製作組（KADOKAWA）

勇獸戰隊知識漫畫系列

激戰萬獸之王獅子

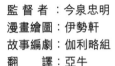

監 督 者：今泉忠明
漫畫繪圖：伊勢軒
故事編劇：伽利略組
翻　　譯：亞牛
責任編輯：陳奕祺
美術設計：新雅製作部
出　　版：新雅文化事業有限公司
　　　　　香港英皇道 499 號北角工業大廈 18 樓
　　　　　電話：(852) 2138 7998
　　　　　傳真：(852) 2597 4003
　　　　　網址：http://www.sunya.com.hk
　　　　　電郵：marketing@sunya.com.hk
發　　行：香港聯合書刊物流有限公司
　　　　　香港荃灣德士古道 220-248 號荃灣工業中心 16 樓
　　　　　電話：(852) 2150 2100
　　　　　傳真：(852) 2407 3062
　　　　　電郵：info@suplogistics.com.hk
印　　刷：中華商務彩色印刷有限公司
　　　　　香港新界大埔汀麗路 36 號
版　　次：二〇二二年九月初版
版權所有·不准翻印

ISBN: 978-962-08-8072-8